Dive Log

Name: _____

Address: _____
_____

Phone: _____
_____

Email: _____

Dive No.	Dive Site:	Date:
Location:		

Temperature	Weight
Air:_____	_____ lb/kg
Surface:_____	**Visibility**
Bottom:_____	_____ ft/m

SI   :   PG

PG

Depth
_____ ft/m
                                    _____
                                    15ft/5m

Bottom Time
_____

_____ + _____ = _____
RNT   ABT   TBT

Exposure Protection		Conditions	
Wetsuit	Y/N	Fresh	Salt
Drysuit	Y/N	Shore	Boat
Hood	Y/N	Current	Drift
Gloves	Y/N	Waves	Surge
Boots	Y/N	Other:	

Time In:	Time out:
Start: bar	**End:** bar

Comments: _____

_____
_____
_____
_____
_____
_____
_____
_____

Dive Center / Resort Stamp	Verification Signature
	_____
	Instructor / DM / Buddy

Dive No.	Dive Site:	Date:
Location:		

Temperature	Weight
Air:_____	_____ lb/kg
Surface:_____	**Visibility**
Bottom:_____	_____ ft/m

SI	:	PG
PG		

Depth
_____ ft/m

_____ 15ft/5m

Bottom Time

_____

_____ + _____ = _____

RNT   ABT   TBT

Exposure Protection		Conditions	
Wetsuit	Y/N	Fresh	Salt
Drysuit	Y/N	Shore	Boat
Hood	Y/N	Current	Drift
Gloves	Y/N	Waves	Surge
Boots	Y/N	Other:	

Time In:	Time out:
Start: bar	End: bar

Comments: _____

_____
_____
_____
_____
_____
_____
_____
_____
_____

Dive Center / Resort Stamp	Verification Signature
	_____
	Instructor / DM / Buddy

Dive No.	Dive Site:	Date:

Location:

Temperature	Weight
Air: _____	_____ lb/kg
Surface: _____	**Visibility**
Bottom: _____	_____ ft/m

SI :	PG
PG	

Depth _____ ft/m _____ 15ft/5m

Bottom Time

_____ + _____ = _____
RNT   ABT   TBT

Exposure Protection		Conditions	
Wetsuit	Y/N	Fresh	Salt
Drysuit	Y/N	Shore	Boat
Hood	Y/N	Current	Drift
Gloves	Y/N	Waves	Surge
Boots	Y/N	Other:	

Time In:	Time out:
Start: bar	End: bar

Comments: _____

_____

_____

_____

_____

_____

_____

_____

_____

Dive Center / Resort Stamp

Verification Signature

_____

Instructor / DM / Buddy

Dive No.	Dive Site:	Date:

Location:

Temperature	Weight
Air:_____	_____ lb/kg
Surface:_____	**Visibility**
Bottom:_____	_____ ft/m

SI :	PG
PG	

Depth
_____ ft/m   15ft/5m

Bottom Time

_____ + _____ = _____
RNT   ABT   TBT

Exposure Protection		Conditions	
Wetsuit	Y/N	Fresh	Salt
Drysuit	Y/N	Shore	Boat
Hood	Y/N	Current	Drift
Gloves	Y/N	Waves	Surge
Boots	Y/N	Other:	

Time In:	Time out:
Start: bar	End: bar

Comments: _____
_____
_____
_____
_____
_____
_____
_____
_____

Dive Center / Resort Stamp

Verification Signature

_____
Instructor / DM / Buddy

Dive No.	Dive Site:	Date:
Location:		

Temperature	Weight
Air:_____	_____ lb/kg
Surface:_____	**Visibility**
Bottom:_____	_____ ft/m

SI :	PG
PG	

Depth

_____ ft/m

_____ 15ft/5m

Bottom Time

_____

_____ + _____ = _____

RNT   ABT   TBT

Exposure Protection		Conditions	
Wetsuit	Y/N	Fresh	Salt
Drysuit	Y/N	Shore	Boat
Hood	Y/N	Current	Drift
Gloves	Y/N	Waves	Surge
Boots	Y/N	Other:	

Time In:	Time out:
Start: bar	**End:** bar

Comments: _____

_____
_____
_____
_____
_____
_____
_____
_____

Dive Center / Resort Stamp

Verification Signature

_____

Instructor / DM / Buddy

Dive No.		Dive Site:		Date:
Location:				

Temperature	Weight
Air:_____	_____ lb/kg
Surface:_____	**Visibility**
Bottom:_____	_____ ft/m

SI	:	PG
PG		

Depth
_____ ft/m   _____ 15ft/5m

Bottom Time
_____

_____ + _____ = _____
RNT   ABT   TBT

Exposure Protection		Conditions	
Wetsuit	Y/N	Fresh	Salt
Drysuit	Y/N	Shore	Boat
Hood	Y/N	Current	Drift
Gloves	Y/N	Waves	Surge
Boots	Y/N	Other:	

Time In:		Time out:	
Start:	bar	**End:**	bar

Comments: _____

_____
_____
_____
_____
_____
_____
_____
_____

Dive Center / Resort Stamp

Verification Signature

_____
Instructor / DM / Buddy

Dive No.	Dive Site:		Date:
Location:			

Temperature	Weight		SI :		PG
Air: _____	_____ lb/kg		PG		
Surface: _____	**Visibility**		**Depth** _____ ft/m		_____ 15ft/5m
Bottom: _____	_____ ft/m				

Bottom Time
_____
_____ + _____ = _____
RNT   ABT   TBT

Exposure Protection		Conditions	
Wetsuit	Y/N	Fresh	Salt
Drysuit	Y/N	Shore	Boat
Hood	Y/N	Current	Drift
Gloves	Y/N	Waves	Surge
Boots	Y/N	Other:	

Time In:		Time out:	
Start:	bar	**End:**	bar

Comments: _____

_____
_____
_____
_____
_____
_____
_____
_____

Dive Center / Resort Stamp

Verification Signature

_____
Instructor / DM / Buddy

Dive No.	Dive Site:		Date:
Location:			

Temperature	Weight	
Air:_____	_____ lb/kg	
Surface:_____	**Visibility**	
Bottom:_____	_____ ft/m	

SI :		PG
PG		

Depth

_____ ft/m

15ft/5m

Bottom Time

_____

_____ + _____ = _____

RNT   ABT   TBT

Exposure Protection		Conditions	
Wetsuit	Y/N	Fresh	Salt
Drysuit	Y/N	Shore	Boat
Hood	Y/N	Current	Drift
Gloves	Y/N	Waves	Surge
Boots	Y/N	Other:	

Time In:		Time out:	
Start:	bar	**End:**	bar

Comments: _____

_____
_____
_____
_____
_____
_____
_____
_____

Dive Center / Resort Stamp

Verification Signature

_____

Instructor / DM / Buddy

Dive No.	Dive Site:	Date:

Location:

Temperature	Weight
Air:	_____ lb/kg
Surface: _____	**Visibility**
Bottom: _____	_____ ft/m

SI	:	PG
PG		

Depth
_____ ft/m
_____ 15ft/5m

Bottom Time
_____
_____ + _____ = _____
RNT **ABT** **TBT**

Exposure Protection		Conditions	
Wetsuit	Y/N	Fresh	Salt
Drysuit	Y/N	Shore	Boat
Hood	Y/N	Current	Drift
Gloves	Y/N	Waves	Surge
Boots	Y/N	Other:	

Time In:	Time out:
Start: bar	End: bar

Comments: _____
_____
_____
_____
_____
_____
_____
_____
_____

Dive Center / Resort Stamp

Verification Signature
_____
Instructor / DM / Buddy

Dive No.	Dive Site:		Date:
Location:			

Temperature	Weight
Air: _____	_____ lb/kg
Surface: _____	**Visibility**
Bottom: _____	_____ ft/m

SI :	PG
PG	

Depth _____ ft/m   _____ 15ft/5m

Bottom Time
_____

_____ + _____ = _____
RNT   ABT   TBT

Exposure Protection		Conditions	
Wetsuit	Y/N	Fresh	Salt
Drysuit	Y/N	Shore	Boat
Hood	Y/N	Current	Drift
Gloves	Y/N	Waves	Surge
Boots	Y/N	Other:	

Time In:	Time out:
Start: bar	End: bar

Comments: _____

_____
_____
_____
_____
_____
_____
_____
_____
_____

Dive Center / Resort Stamp

Verification Signature

_____
Instructor / DM / Buddy

Dive No.	Dive Site:		Date:
Location:			

Temperature	Weight
Air:_____	_____ lb/kg
Surface:_____	**Visibility**
Bottom:_____	_____ ft/m

SI : **PG**

PG

Depth
_____ ft/m
_____ 15ft/5m

Bottom Time
_____

_____ + _____ = _____
RNT   **ABT**   **TBT**

Exposure Protection		Conditions	
Wetsuit	Y/N	Fresh	Salt
Drysuit	Y/N	Shore	Boat
Hood	Y/N	Current	Drift
Gloves	Y/N	Waves	Surge
Boots	Y/N	Other:	

Time In:	Time out:
Start: bar	End: bar

Comments:_____
_____
_____
_____
_____
_____
_____
_____
_____

Dive Center / Resort Stamp

Verification Signature

_____

Instructor / DM / Buddy

Dive No.	Dive Site:	Date:
Location:		

Temperature
Air: _____
Surface: _____
Bottom: _____

Weight
_____ lb/kg

Visibility
_____ ft/m

SI :	PG
PG	

Depth
_____ ft/m

15ft/5m

Bottom Time
_____

_____ + _____ = _____
RNT   ABT   TBT

Exposure Protection		Conditions	
Wetsuit	Y/N	Fresh	Salt
Drysuit	Y/N	Shore	Boat
Hood	Y/N	Current	Drift
Gloves	Y/N	Waves	Surge
Boots	Y/N	Other:	

Time In:	Time out:
Start: bar	End: bar

Comments: _____

_____
_____
_____
_____
_____
_____
_____
_____

Dive Center / Resort Stamp

Verification Signature

_____
Instructor / DM / Buddy

Dive No.	Dive Site:	Date:

Location:

Temperature	Weight
Air: _____	_____ lb/kg
Surface: _____	**Visibility**
Bottom: _____	_____ ft/m

SI	:	PG
PG		

Depth
_____ ft/m
_____ 15ft/5m

Bottom Time
_____

_____ + _____ = _____
RNT   ABT   TBT

Exposure Protection		Conditions	
Wetsuit	Y/N	Fresh	Salt
Drysuit	Y/N	Shore	Boat
Hood	Y/N	Current	Drift
Gloves	Y/N	Waves	Surge
Boots	Y/N	Other:	

Time In:	Time out:
Start: bar	End: bar

Comments: _____
_____
_____
_____
_____
_____
_____
_____
_____

Dive Center / Resort Stamp

Verification Signature

_____
Instructor / DM / Buddy

Dive No.	Dive Site:	Date:

Location:

Temperature	Weight
Air:_____	_____ lb/kg
Surface:_____	**Visibility**
Bottom:_____	_____ ft/m

SI :	PG
PG	

Depth _____ ft/m   _____ 15ft/5m

Bottom Time
_____
_____ + _____ = _____
RNT   ABT   TBT

Exposure Protection		Conditions	
Wetsuit	Y/N	Fresh	Salt
Drysuit	Y/N	Shore	Boat
Hood	Y/N	Current	Drift
Gloves	Y/N	Waves	Surge
Boots	Y/N	Other:	

Time In:	Time out:
Start: bar	End: bar

Comments: _____
_____
_____
_____
_____
_____
_____
_____
_____

Dive Center / Resort Stamp	Verification Signature
	_____
	Instructor / DM / Buddy

Dive No.	Dive Site:	Date:

Location:

Temperature	Weight
Air:	_____ lb/kg
Surface: _____	**Visibility**
Bottom: _____	_____ ft/m

SI	:	PG
PG		

Depth
_____ ft/m   _____ 15ft/5m

Bottom Time
_____

_____ + _____ = _____
RNT   ABT   TBT

Exposure Protection		Conditions	
Wetsuit	Y/N	Fresh	Salt
Drysuit	Y/N	Shore	Boat
Hood	Y/N	Current	Drift
Gloves	Y/N	Waves	Surge
Boots	Y/N	Other:	

Time In:	Time out:
Start: _____ bar	End: _____ bar

Comments: _____
_____
_____
_____
_____
_____
_____
_____

Dive Center / Resort Stamp

Verification Signature

_____
Instructor / DM / Buddy

Dive No.	Dive Site:	Date:

Location:

Temperature	Weight
Air:_____	_____ lb/kg
Surface:_____	**Visibility**
Bottom:_____	_____ ft/m

SI :	PG
PG	

Depth
_____ft/m   _____
                                15ft/5m

Bottom Time
_____

_____ + _____ = _____
RNT   ABT   TBT

Exposure Protection		Conditions	
Wetsuit	Y/N	Fresh	Salt
Drysuit	Y/N	Shore	Boat
Hood	Y/N	Current	Drift
Gloves	Y/N	Waves	Surge
Boots	Y/N	Other:	

Time In:	Time out:
Start: bar	End: bar

Comments: _____

_____

_____

_____

_____

_____

_____

_____

_____

Dive Center / Resort Stamp	Verification Signature
	_____
	Instructor / DM / Buddy

Dive No.	Dive Site:	Date:
Location:		

Temperature	Weight
Air: _____	_____ lb/kg
Surface: _____	**Visibility**
Bottom: _____	_____ ft/m

SI :	PG
PG	

Depth
_____ ft/m
_____ 15ft/5m

Bottom Time
_____
_____ + _____ = _____
RNT   ABT   TBT

Exposure Protection		Conditions	
Wetsuit	Y/N	Fresh	Salt
Drysuit	Y/N	Shore	Boat
Hood	Y/N	Current	Drift
Gloves	Y/N	Waves	Surge
Boots	Y/N	Other:	

Time In:	Time out:
Start: bar	End: bar

Comments: _____

_____
_____
_____
_____
_____
_____
_____
_____

Dive Center / Resort Stamp

Verification Signature

_____
Instructor / DM / Buddy

Dive No.	Dive Site:		Date:
Location:			

Temperature	Weight
Air: _____	_____ lb/kg
Surface: _____	**Visibility**
Bottom: _____	_____ ft/m

SI :		PG
PG		

Depth
_____ ft/m

15ft/5m

Bottom Time
_____

_____ + _____ = _____
RNT   ABT   TBT

Exposure Protection		Conditions	
Wetsuit	Y/N	Fresh	Salt
Drysuit	Y/N	Shore	Boat
Hood	Y/N	Current	Drift
Gloves	Y/N	Waves	Surge
Boots	Y/N	Other:	

Time In:	Time out:
Start: bar	End: bar

Comments: _____

_____
_____
_____
_____
_____
_____
_____
_____

Dive Center / Resort Stamp

Verification Signature

_____
Instructor / DM / Buddy

Dive No.	Dive Site:	Date:

Location:

Temperature	Weight
Air: _____	_____ lb/kg
Surface: _____	**Visibility**
Bottom: _____	_____ ft/m

Exposure Protection		Conditions	
Wetsuit	Y/N	Fresh	Salt
Drysuit	Y/N	Shore	Boat
Hood	Y/N	Current	Drift
Gloves	Y/N	Waves	Surge
Boots	Y/N	Other:	

SI : PG

PG

Depth

_____ ft/m   15ft/5m

Bottom Time

_____

_____ + _____ = _____

RNT   ABT   TBT

Time In:	Time out:
Start: bar	End: bar

Comments: _____

_____
_____
_____
_____
_____
_____
_____
_____

Dive Center / Resort Stamp

Verification Signature

_____

Instructor / DM / Buddy

Dive No.	Dive Site:	Date:
Location:		

Temperature	Weight
Air:_____	_____ lb/kg
Surface:_____	**Visibility**
Bottom:_____	_____ ft/m

SI :	PG
PG	

Depth
_____ ft/m   _____ 15ft/5m

Bottom Time
_____

_____ + _____ = _____
RNT   ABT   TBT

Exposure Protection		Conditions	
Wetsuit	Y/N	Fresh	Salt
Drysuit	Y/N	Shore	Boat
Hood	Y/N	Current	Drift
Gloves	Y/N	Waves	Surge
Boots	Y/N	Other:	

Time In:	Time out:
Start: _____ bar	End: _____ bar

Comments: _____

_____
_____
_____
_____
_____
_____
_____
_____

Dive Center / Resort Stamp	Verification Signature
	_____
	Instructor / DM / Buddy

Dive No.	Dive Site:	Date:

Location:

Temperature	Weight
Air:	_____ lb/kg
Surface:	**Visibility**
Bottom:	_____ ft/m

SI :	PG
PG	

Depth _____ ft/m

_____ 15ft/5m

Bottom Time
_____

_____ + _____ = _____
RNT   **ABT**   **TBT**

Exposure Protection		Conditions	
Wetsuit	Y/N	Fresh	Salt
Drysuit	Y/N	Shore	Boat
Hood	Y/N	Current	Drift
Gloves	Y/N	Waves	Surge
Boots	Y/N	Other:	

Time In:	Time out:
Start: bar	End: bar

Comments: _____

_____
_____
_____
_____
_____
_____
_____
_____

Dive Center / Resort Stamp	Verification Signature
	_____
	Instructor / DM / Buddy

Dive No.		Dive Site:		Date:

Location:

Temperature		Weight	
Air: _____		_____ lb/kg	
Surface: _____		**Visibility**	
Bottom: _____		_____ ft/m	

SI ____ : ____   PG ____

PG ____

Depth
____ ft/m   15ft/5m

Bottom Time
_____

____ + ____ = ____
RNT   ABT   TBT

Exposure Protection		Conditions	
Wetsuit	Y/N	Fresh	Salt
Drysuit	Y/N	Shore	Boat
Hood	Y/N	Current	Drift
Gloves	Y/N	Waves	Surge
Boots	Y/N	Other:	

Time In:	Time out:
Start: bar	End: bar

Comments: _____

_____
_____
_____
_____
_____
_____
_____
_____

Dive Center / Resort Stamp

Verification Signature

_____

Instructor / DM / Buddy

Dive No.	Dive Site:		Date:
Location:			

Temperature	Weight
Air:_____	_____ lb/kg
Surface:_____	**Visibility**
Bottom:_____	_____ ft/m

SI	:	PG
PG		

Depth
_____ ft/m

_____
15ft/5m

Bottom Time

_____ + _____ = _____
RNT   ABT   TBT

Exposure Protection		Conditions	
Wetsuit	Y/N	Fresh	Salt
Drysuit	Y/N	Shore	Boat
Hood	Y/N	Current	Drift
Gloves	Y/N	Waves	Surge
Boots	Y/N	Other:	

Time In:	Time out:
Start: bar	End: bar

Comments: _____

_____

_____

_____

_____

_____

_____

_____

_____

Dive Center / Resort Stamp

Verification Signature

_____
Instructor / DM / Buddy

Dive No.		Dive Site:		Date:
Location:				

Temperature	**Weight**
Air:_____	_____ lb/kg
Surface:_____	**Visibility**
Bottom:_____	_____ ft/m

SI	:		PG	
PG				

Depth

_____ ft/m

_____ 15ft/5m

Bottom Time

_____

_____ + _____ = _____

RNT   ABT   TBT

Exposure Protection		**Conditions**	
Wetsuit	Y/N	Fresh	Salt
Drysuit	Y/N	Shore	Boat
Hood	Y/N	Current	Drift
Gloves	Y/N	Waves	Surge
Boots	Y/N	Other:	

Time In:		Time out:	
Start:	bar	End:	bar

Comments:_____

_____
_____
_____
_____
_____
_____
_____
_____

Dive Center / Resort Stamp	**Verification Signature**
	_____
	Instructor / DM / Buddy

Dive No.	Dive Site:		Date:
Location:			

Temperature	Weight
Air:_____	_____ lb/kg
Surface:_____	**Visibility**
Bottom:_____	_____ ft/m

SI	:	PG
PG		

Depth
_____ ft/m
_____ 15ft/5m

Bottom Time

_____ + _____ = _____
RNT   ABT   TBT

Exposure Protection		Conditions	
Wetsuit	Y/N	Fresh	Salt
Drysuit	Y/N	Shore	Boat
Hood	Y/N	Current	Drift
Gloves	Y/N	Waves	Surge
Boots	Y/N	Other:	

Time In:	Time out:
Start: bar	End: bar

Comments: _____
_____
_____
_____
_____
_____
_____
_____
_____

Dive Center / Resort Stamp

Verification Signature

_____
Instructor / DM / Buddy

Dive No.	Dive Site:	Date:
Location:		

Temperature	**Weight**
Air:_____	_____ lb/kg
Surface:_____	**Visibility**
Bottom:_____	_____ ft/m

SI :	PG
PG	

Depth

_____ ft/m

_____ 15ft/5m

Bottom Time

_____

_____ + _____ = _____

RNT   **ABT**   **TBT**

Exposure Protection		Conditions	
Wetsuit	Y/N	Fresh	Salt
Drysuit	Y/N	Shore	Boat
Hood	Y/N	Current	Drift
Gloves	Y/N	Waves	Surge
Boots	Y/N	Other:	

Time In:	Time out:
Start: bar	End: bar

Comments: _____

_____

_____

_____

_____

_____

_____

_____

_____

Dive Center / Resort Stamp

Verification Signature

_____

Instructor / DM / Buddy

Dive No.	Dive Site:		Date:
Location:			

Temperature	**Weight**
Air:_____	_____ lb/kg
Surface:_____	**Visibility**
Bottom:_____	_____ ft/m

SI	:		PG
PG			

Depth
_____ ft/m
_____ 15ft/5m

Bottom Time
_____
_____ + _____ = _____
RNT   ABT   TBT

Exposure Protection		**Conditions**	
Wetsuit	Y/N	Fresh	Salt
Drysuit	Y/N	Shore	Boat
Hood	Y/N	Current	Drift
Gloves	Y/N	Waves	Surge
Boots	Y/N	Other:	

Time In:	Time out:
Start: bar	End: bar

Comments: _____
_____
_____
_____
_____
_____
_____
_____
_____

Dive Center / Resort Stamp	**Verification Signature**
	_____
	Instructor / DM / Buddy

Dive No.	Dive Site:		Date:
Location:			

Temperature	Weight		
Air:_____	_____ lb/kg		
Surface:_____	**Visibility**		
Bottom:_____	_____ ft/m		

SI	:		PG
PG			

Depth _____ ft/m
15ft/5m

Bottom Time
_____

_____ + _____ = _____
RNT   ABT   TBT

Exposure Protection		Conditions	
Wetsuit	Y/N	Fresh	Salt
Drysuit	Y/N	Shore	Boat
Hood	Y/N	Current	Drift
Gloves	Y/N	Waves	Surge
Boots	Y/N	Other:	

Time In:		Time out:	
Start:	bar	End:	bar

Comments: _____

_____
_____
_____
_____
_____
_____
_____
_____
_____

Dive Center / Resort Stamp

Verification Signature

_____
Instructor / DM / Buddy

Dive No.	Dive Site:	Date:

Location:

Temperature	Weight
Air: _____	_____ lb/kg
Surface: _____	**Visibility**
Bottom: _____	_____ ft/m

SI :	PG
PG	

Depth
_____ ft/m
_____ 15ft/5m

Bottom Time
_____
_____ + _____ = _____
RNT   ABT   TBT

Exposure Protection		Conditions	
Wetsuit	Y/N	Fresh	Salt
Drysuit	Y/N	Shore	Boat
Hood	Y/N	Current	Drift
Gloves	Y/N	Waves	Surge
Boots	Y/N	Other:	

Time In:	Time out:
Start: bar	End: bar

Comments: _____
_____
_____
_____
_____
_____
_____
_____
_____

Dive Center / Resort Stamp

Verification Signature

_____
Instructor / DM / Buddy

Dive No.	Dive Site:	Date:

Location:

Temperature	Weight
Air: _____	_____ lb/kg
Surface: _____	**Visibility**
Bottom: _____	_____ ft/m

SI :	PG
PG	

Depth _____ ft/m   _____ 15ft/5m

Bottom Time

_____

_____ + _____ = _____

RNT   ABT   TBT

Exposure Protection		Conditions	
Wetsuit	Y/N	Fresh	Salt
Drysuit	Y/N	Shore	Boat
Hood	Y/N	Current	Drift
Gloves	Y/N	Waves	Surge
Boots	Y/N	Other:	

Time In:	Time out:
Start: bar	End: bar

Comments: _____

_____

_____

_____

_____

_____

_____

_____

_____

Dive Center / Resort Stamp

Verification Signature

_____

Instructor / DM / Buddy

Dive No.	Dive Site:	Date:
Location:		

Temperature
Air: _____
Surface: _____
Bottom: _____

Weight
_____ lb/kg

Visibility
_____ ft/m

SI	:	PG
PG		

Depth
_____ ft/m
_____ 15ft/5m

Bottom Time
_____

_____ + _____ = _____
RNT   ABT   TBT

Exposure Protection		Conditions	
Wetsuit	Y/N	Fresh	Salt
Drysuit	Y/N	Shore	Boat
Hood	Y/N	Current	Drift
Gloves	Y/N	Waves	Surge
Boots	Y/N	Other:	

Time In: _____ **Time out:** _____
Start: _____ bar **End:** _____ bar

Comments: _____
_____
_____
_____
_____
_____
_____
_____

Dive Center / Resort Stamp

Verification Signature

_____
Instructor / DM / Buddy

Dive No.	Dive Site:	Date:
Location:		

Temperature	Weight
Air:_____	_____ lb/kg
Surface:_____	Visibility
Bottom:_____	_____ ft/m

SI :		PG
PG		

Depth _____ ft/m

15ft/5m

Bottom Time

_____ + _____ = _____
RNT   ABT   TBT

Exposure Protection		Conditions	
Wetsuit	Y/N	Fresh	Salt
Drysuit	Y/N	Shore	Boat
Hood	Y/N	Current	Drift
Gloves	Y/N	Waves	Surge
Boots	Y/N	Other:	

Time In:	Time out:
Start: bar	End: bar

Comments: _____
_____
_____
_____
_____
_____
_____
_____
_____

Dive Center / Resort Stamp

Verification Signature

_____
Instructor / DM / Buddy

Dive No.	Dive Site:	Date:
Location:		

Temperature	Weight
Air:_____	_____ lb/kg
Surface:_____	**Visibility**
Bottom:_____	_____ ft/m

SI :	PG
PG	

Depth _____ ft/m

_____ 15ft/5m

Bottom Time

_____ + _____ = _____
RNT   **ABT**   **TBT**

Exposure Protection		Conditions	
Wetsuit	Y/N	Fresh	Salt
Drysuit	Y/N	Shore	Boat
Hood	Y/N	Current	Drift
Gloves	Y/N	Waves	Surge
Boots	Y/N	Other:	

Time In:	Time out:
Start: bar	**End:** bar

Comments:
_____
_____
_____
_____
_____
_____
_____
_____

Dive Center / Resort Stamp	Verification Signature
	Instructor / DM / Buddy

Dive No.	Dive Site:		Date:
Location:			

Temperature	Weight
Air:_____	_____ lb/kg
Surface:_____	**Visibility**
Bottom:_____	_____ ft/m

SI	:	PG
PG		

Depth
_____ ft/m
_____ 15ft/5m

Bottom Time
_____

_____ + _____ = _____
RNT   ABT   TBT

Exposure Protection		Conditions	
Wetsuit	Y/N	Fresh	Salt
Drysuit	Y/N	Shore	Boat
Hood	Y/N	Current	Drift
Gloves	Y/N	Waves	Surge
Boots	Y/N	Other:	

Time In:	Time out:
Start: bar	End: bar

Comments: _____

_____
_____
_____
_____
_____
_____
_____
_____
_____

Dive Center / Resort Stamp	Verification Signature
	_____
	Instructor / DM / Buddy

Dive No.	Dive Site:		Date:
Location:			

Temperature	Weight		SI :	PG
Air:_____	_____ lb/kg		PG	
Surface:_____	**Visibility**			
Bottom:_____	_____ ft/m			

Depth _____ ft/m   _____ 15ft/5m

Bottom Time

_____ + _____ = _____
RNT   ABT   TBT

Exposure Protection		Conditions	
Wetsuit	Y/N	Fresh	Salt
Drysuit	Y/N	Shore	Boat
Hood	Y/N	Current	Drift
Gloves	Y/N	Waves	Surge
Boots	Y/N	Other:	

Time In:	Time out:
Start: bar	**End:** bar

Comments: _____
_____
_____
_____
_____
_____
_____
_____
_____

Dive Center / Resort Stamp

Verification Signature

_____
Instructor / DM / Buddy

Dive No.	Dive Site:	Date:

Location:

Temperature	Weight
Air:_____	_____ lb/kg
Surface:_____	**Visibility**
Bottom:_____	_____ ft/m

SI :	PG
PG	

Depth
_____ ft/m

_____ 15ft/5m

Bottom Time

_____

_____ + _____ = _____

RNT   ABT   TBT

Exposure Protection		Conditions	
Wetsuit	Y/N	Fresh	Salt
Drysuit	Y/N	Shore	Boat
Hood	Y/N	Current	Drift
Gloves	Y/N	Waves	Surge
Boots	Y/N	Other:	

Time In:	Time out:
Start: bar	End: bar

Comments: _____

_____

_____

_____

_____

_____

_____

_____

Dive Center / Resort Stamp

Verification Signature

_____

Instructor / DM / Buddy

Dive No.	Dive Site:	Date:

Location:

Temperature
Air: _____
Surface: _____
Bottom: _____

Weight
_____ lb/kg

Visibility
_____ ft/m

SI	:	PG
PG		

Depth
_____ ft/m
_____ 15ft/5m

Bottom Time
_____

_____ + _____ = _____
RNT   ABT   TBT

Exposure Protection		Conditions	
Wetsuit	Y/N	Fresh	Salt
Drysuit	Y/N	Shore	Boat
Hood	Y/N	Current	Drift
Gloves	Y/N	Waves	Surge
Boots	Y/N	Other:	

Time In:	Time out:
Start: bar	End: bar

Comments:
_____
_____
_____
_____
_____
_____
_____
_____
_____
_____

Dive Center / Resort Stamp

Verification Signature

_____
Instructor / DM / Buddy

Dive No.	Dive Site:	Date:
Location:		

Temperature	Weight
Air:_____	_____ lb/kg
Surface:_____	**Visibility**
Bottom:_____	_____ ft/m

SI	:	PG
PG		

Depth _____ ft/m

15ft/5m

Bottom Time
_____

_____ + _____ = _____
RNT   ABT   TBT

Exposure Protection		Conditions	
Wetsuit	Y/N	Fresh	Salt
Drysuit	Y/N	Shore	Boat
Hood	Y/N	Current	Drift
Gloves	Y/N	Waves	Surge
Boots	Y/N	Other:	

Time In:	Time out:
Start: bar	End: bar

Comments: _____

_____

_____

_____

_____

_____

_____

_____

Dive Center / Resort Stamp	Verification Signature
	_____
	Instructor / DM / Buddy

Dive No.	Dive Site:	Date:
Location:		

Temperature	Weight		SI :	PG
Air:_____	_____ lb/kg		PG	
Surface:_____	**Visibility**		Depth	
Bottom:_____	_____ ft/m		_____ ft/m	_____ 15ft/5m

Bottom Time
_____
_____ + _____ = _____
RNT   ABT   TBT

Exposure Protection		Conditions	
Wetsuit	Y/N	Fresh	Salt
Drysuit	Y/N	Shore	Boat
Hood	Y/N	Current	Drift
Gloves	Y/N	Waves	Surge
Boots	Y/N	Other:	

Time In:	Time out:
Start: bar	**End:** bar

Comments: _____
_____
_____
_____
_____
_____
_____
_____

Dive Center / Resort Stamp

Verification Signature

Instructor / DM / Buddy

Dive No.	Dive Site:	Date:

Location:

Temperature	Weight
Air: _____	_____ lb/kg
Surface: _____	**Visibility**
Bottom: _____	_____ ft/m

SI :	PG
PG	

Depth
_____ ft/m

_____ 15ft/5m

Bottom Time
_____

_____ + _____ = _____

RNT ABT TBT

Exposure Protection		Conditions	
Wetsuit	Y/N	Fresh	Salt
Drysuit	Y/N	Shore	Boat
Hood	Y/N	Current	Drift
Gloves	Y/N	Waves	Surge
Boots	Y/N	Other:	

Time In:	Time out:
Start: bar	End: bar

Comments: _____
_____
_____
_____
_____
_____
_____
_____
_____
_____

Dive Center / Resort Stamp

Verification Signature

_____

Instructor / DM / Buddy

Dive No.	Dive Site:	Date:

Location:

Temperature	Weight
Air:_____	_____ lb/kg
Surface:_____	**Visibility**
Bottom:_____	_____ ft/m

SI :	PG
PG	

Depth
_____ ft/m
_____ 15ft/5m

Bottom Time
_____
_____ + _____ = _____
RNT   ABT   TBT

Exposure Protection		Conditions	
Wetsuit	Y/N	Fresh	Salt
Drysuit	Y/N	Shore	Boat
Hood	Y/N	Current	Drift
Gloves	Y/N	Waves	Surge
Boots	Y/N	Other:	

Time In:	Time out:
Start: bar	End: bar

Comments: _____
_____
_____
_____
_____
_____
_____
_____
_____

Dive Center / Resort Stamp

Verification Signature

_____
Instructor / DM / Buddy

Dive No.	Dive Site:		Date:
Location:			

Temperature	Weight
Air:_____	_____ lb/kg
Surface:_____	**Visibility**
Bottom:_____	_____ ft/m

SI	:	PG
PG		

Depth
_____ ft/m

15ft/5m

Bottom Time
_____

_____ + _____ = _____
RNT   ABT   TBT

Exposure Protection		Conditions	
Wetsuit	Y/N	Fresh	Salt
Drysuit	Y/N	Shore	Boat
Hood	Y/N	Current	Drift
Gloves	Y/N	Waves	Surge
Boots	Y/N	Other:	

Time In:	Time out:
Start: bar	End: bar

Comments: _____

_____
_____
_____
_____
_____
_____
_____
_____

Dive Center / Resort Stamp

Verification Signature

_____
Instructor / DM / Buddy

Dive No.	Dive Site:	Date:

Location:

Temperature	Weight
Air: _____	_____ lb/kg
Surface: _____	**Visibility**
Bottom: _____	_____ ft/m

Exposure Protection		Conditions	
Wetsuit	Y/N	Fresh	Salt
Drysuit	Y/N	Shore	Boat
Hood	Y/N	Current	Drift
Gloves	Y/N	Waves	Surge
Boots	Y/N	Other:	

SI : PG

PG

Depth _____ ft/m

_____ 15ft/5m

Bottom Time _____

_____ + _____ = _____

RNT ABT TBT

Time In:	Time out:
Start: bar	End: bar

Comments: _____
_____
_____
_____
_____
_____
_____
_____
_____

Dive Center / Resort Stamp

Verification Signature

Instructor / DM / Buddy

| Dive No. | Dive Site: | Date: |
|---|---|---|//
| Location: | | |

Temperature	Weight
Air:_____	_____ lb/kg
Surface:_____	**Visibility**
Bottom:_____	_____ ft/m

SI :	PG
PG	

Depth

_____ ft/m

_____ 15ft/5m

Bottom Time

_____

_____ + _____ = _____

RNT   ABT   TBT

Exposure Protection		Conditions	
Wetsuit	Y/N	Fresh	Salt
Drysuit	Y/N	Shore	Boat
Hood	Y/N	Current	Drift
Gloves	Y/N	Waves	Surge
Boots	Y/N	Other:	

Time In:	Time out:
Start: bar	End: bar

Comments: _____

_____
_____
_____
_____
_____
_____
_____
_____

Dive Center / Resort Stamp

Verification Signature

_____

Instructor / DM / Buddy

Dive No.	Dive Site:	Date:
Location:		

Temperature	Weight		SI :	PG
Air:_____	_____ lb/kg		PG	
Surface:_____	**Visibility**		**Depth**	_____
Bottom:_____	_____ ft/m		_____ ft/m	15ft/5m

Bottom Time

_____

_____ + _____ = _____

RNT ABT TBT

Exposure Protection		Conditions	
Wetsuit	Y/N	Fresh	Salt
Drysuit	Y/N	Shore	Boat
Hood	Y/N	Current	Drift
Gloves	Y/N	Waves	Surge
Boots	Y/N	Other:	

Time In:	Time out:
Start: bar	End: bar

Comments: _____
_____
_____
_____
_____
_____
_____
_____
_____

Dive Center / Resort Stamp	Verification Signature
	_____
	Instructor / DM / Buddy

Dive No.	Dive Site:		Date:
Location:			

Temperature	Weight
Air:_____	_____ lb/kg
Surface:_____	**Visibility**
Bottom:_____	_____ ft/m

SI :		PG
PG		

Depth
_____ ft/m
_____ 15ft/5m

Bottom Time
_____

_____ + _____ = _____
RNT   ABT   TBT

Exposure Protection		Conditions	
Wetsuit	Y/N	Fresh	Salt
Drysuit	Y/N	Shore	Boat
Hood	Y/N	Current	Drift
Gloves	Y/N	Waves	Surge
Boots	Y/N	Other:	

Time In:	Time out:
Start: bar	End: bar

Comments: _____

_____
_____
_____
_____
_____
_____
_____
_____
_____

Dive Center / Resort Stamp

Verification Signature

_____
Instructor / DM / Buddy

Dive No.	Dive Site:		Date:
Location:			

Temperature	Weight
Air:_____	_____ lb/kg
Surface:_____	**Visibility**
Bottom:_____	_____ ft/m

SI :	PG
PG	

Depth
_____ ft/m
_____ 15ft/5m

Bottom Time
_____

_____ + _____ = _____
RNT   ABT   TBT

Exposure Protection		Conditions	
Wetsuit	Y/N	Fresh	Salt
Drysuit	Y/N	Shore	Boat
Hood	Y/N	Current	Drift
Gloves	Y/N	Waves	Surge
Boots	Y/N	Other:	

Time In:	Time out:
Start: bar	End: bar

Comments: _____
_____
_____
_____
_____
_____
_____
_____
_____

Dive Center / Resort Stamp

Verification Signature

_____
Instructor / DM / Buddy

Dive No.	Dive Site:	Date:
Location:		

Temperature	Weight		SI :	PG
Air: _____	_____ lb/kg		PG	
Surface: _____	Visibility		Depth	_____
Bottom: _____	_____ ft/m		_____ ft/m	15ft/5m

Bottom Time

_____ + _____ = _____
RNT   ABT   TBT

Exposure Protection		Conditions	
Wetsuit	Y/N	Fresh	Salt
Drysuit	Y/N	Shore	Boat
Hood	Y/N	Current	Drift
Gloves	Y/N	Waves	Surge
Boots	Y/N	Other:	

Time In:	Time out:
Start: _____ bar	End: _____ bar

Comments: _____

_____
_____
_____
_____
_____
_____
_____
_____

Dive Center / Resort Stamp	Verification Signature
	_____
	Instructor / DM / Buddy

Dive No.	Dive Site:		Date:
Location:			

Temperature	Weight	SI :	PG
Air:_____	_____ lb/kg	PG	
Surface:_____	**Visibility**	Depth _____ ft/m	_____ 15ft/5m
Bottom:_____	_____ ft/m		

Bottom Time
_____
_____ + _____ = _____
RNT   ABT   TBT

Exposure Protection		Conditions	
Wetsuit	Y/N	Fresh	Salt
Drysuit	Y/N	Shore	Boat
Hood	Y/N	Current	Drift
Gloves	Y/N	Waves	Surge
Boots	Y/N	Other:	

Time In:	Time out:
Start: _____ bar	End: _____ bar

Comments: _____
_____
_____
_____
_____
_____
_____
_____

Dive Center / Resort Stamp

Verification Signature

_____
Instructor / DM / Buddy

Dive No.		Dive Site:			Date:

Location:

Temperature	Weight
Air:_____	_____ lb/kg
Surface:_____	**Visibility**
Bottom:_____	_____ ft/m

Exposure Protection		Conditions	
Wetsuit	Y/N	Fresh	Salt
Drysuit	Y/N	Shore	Boat
Hood	Y/N	Current	Drift
Gloves	Y/N	Waves	Surge
Boots	Y/N	Other:	

SI	:		PG	
PG				

Depth _____ ft/m   _____ 15ft/5m

Bottom Time
_____
_____ + _____ = _____
RNT   ABT   TBT

Time In:		Time out:	
Start:	bar	End:	bar

Comments: _____
_____
_____
_____
_____
_____
_____
_____
_____

Dive Center / Resort Stamp

Verification Signature
_____
Instructor / DM / Buddy

Dive No.	Dive Site:	Date:
Location:		

Temperature	Weight
Air:_____	_____ lb/kg
Surface:_____	**Visibility**
Bottom:_____	_____ ft/m

SI :	PG
PG	

Depth
_____ ft/m
_____ 15ft/5m

Bottom Time
_____
_____ + _____ = _____
RNT   ABT   TBT

Exposure Protection		Conditions	
Wetsuit	Y/N	Fresh	Salt
Drysuit	Y/N	Shore	Boat
Hood	Y/N	Current	Drift
Gloves	Y/N	Waves	Surge
Boots	Y/N	Other:	

Time In:	Time out:
Start: bar	End: bar

Comments: _____
_____
_____
_____
_____
_____
_____
_____
_____

Dive Center / Resort Stamp

Verification Signature

_____
Instructor / DM / Buddy

Dive No.	Dive Site:	Date:

Location:

Temperature	Weight
Air: _____	_____ lb/kg
Surface: _____	**Visibility**
Bottom: _____	_____ ft/m

SI :	PG
PG	

Depth
_____ ft/m   _____ 15ft/5m

Bottom Time
_____

_____ + _____ = _____
RNT   ABT   TBT

Exposure Protection		Conditions	
Wetsuit	Y/N	Fresh	Salt
Drysuit	Y/N	Shore	Boat
Hood	Y/N	Current	Drift
Gloves	Y/N	Waves	Surge
Boots	Y/N	Other:	

Time In:	Time out:
Start: bar	End: bar

Comments: _____

_____
_____
_____
_____
_____
_____
_____
_____
_____

Dive Center / Resort Stamp

Verification Signature

_____

Instructor / DM / Buddy

Dive No.	Dive Site:		Date:
Location:			

Temperature	Weight
Air:_____	_____ lb/kg
Surface:_____	**Visibility**
Bottom:_____	_____ ft/m

SI	:		PG
PG			

Depth

_____ ft/m   _____ 15ft/5m

Bottom Time

_____

_____ + _____ = _____
RNT   **ABT**   **TBT**

Exposure Protection		Conditions	
Wetsuit	Y/N	Fresh	Salt
Drysuit	Y/N	Shore	Boat
Hood	Y/N	Current	Drift
Gloves	Y/N	Waves	Surge
Boots	Y/N	Other:	

Time In:	Time out:
Start: bar	End: bar

Comments: _____

_____

_____

_____

_____

_____

_____

_____

Dive Center / Resort Stamp

Verification Signature

_____

Instructor / DM / Buddy

Dive No.	Dive Site:	Date:

Location:		

Temperature	Weight
Air: _____	_____ lb/kg
Surface: _____	**Visibility**
Bottom: _____	_____ ft/m

SI :	PG
PG	

Depth _____ ft/m   _____ 15ft/5m

Bottom Time

_____ + _____ = _____
RNT   ABT   TBT

Exposure Protection		Conditions	
Wetsuit	Y/N	Fresh	Salt
Drysuit	Y/N	Shore	Boat
Hood	Y/N	Current	Drift
Gloves	Y/N	Waves	Surge
Boots	Y/N	Other:	

Time In:	Time out:
Start: bar	End: bar

Comments: _____
_____
_____
_____
_____
_____
_____
_____
_____

Dive Center / Resort Stamp	Verification Signature
	Instructor / DM / Buddy

Dive No.	Dive Site:	Date:
Location:		

Temperature	Weight
Air:_____	_____ lb/kg
Surface:_____	**Visibility**
Bottom:_____	_____ ft/m

SI   :   PG
PG

Depth
_____ ft/m   _____ 15ft/5m

Bottom Time
_____
_____ + _____ = _____
RNT   ABT   TBT

Exposure Protection		Conditions	
Wetsuit	Y/N	Fresh	Salt
Drysuit	Y/N	Shore	Boat
Hood	Y/N	Current	Drift
Gloves	Y/N	Waves	Surge
Boots	Y/N	Other:	

Time In:	Time out:
Start: bar	**End:** bar

Comments: _____
_____
_____
_____
_____
_____
_____
_____
_____

Dive Center / Resort Stamp	Verification Signature
	_____
	Instructor / DM / Buddy

Dive No.	Dive Site:		Date:
Location:			

Temperature
Air:_____
Surface:_____
Bottom:_____

Weight
_____ lb/kg

Visibility
_____ ft/m

SI	:	PG
PG		

Depth
_____ ft/m
_____ 15ft/5m

Bottom Time
_____

_____ + _____ = _____
RNT   ABT   TBT

Exposure Protection		Conditions	
Wetsuit	Y/N	Fresh	Salt
Drysuit	Y/N	Shore	Boat
Hood	Y/N	Current	Drift
Gloves	Y/N	Waves	Surge
Boots	Y/N	Other:	

Time In:	Time out:
Start: bar	End: bar

Comments: _____

_____
_____
_____
_____
_____
_____
_____
_____

Dive Center / Resort Stamp

Verification Signature

_____
Instructor / DM / Buddy

Dive No.	Dive Site:		Date:
Location:			

Temperature	Weight
Air:_____	_____ lb/kg
Surface:_____	**Visibility**
Bottom:_____	_____ ft/m

SI :		PG
PG		

Depth
_____ ft/m
_____ 15ft/5m

Bottom Time
_____
_____ + _____ = _____
RNT   ABT   TBT

Exposure Protection		Conditions	
Wetsuit	Y/N	Fresh	Salt
Drysuit	Y/N	Shore	Boat
Hood	Y/N	Current	Drift
Gloves	Y/N	Waves	Surge
Boots	Y/N	Other:	

Time In:	Time out:
Start: bar	**End:** bar

Comments: _____
_____
_____
_____
_____
_____
_____
_____
_____

Dive Center / Resort Stamp	Verification Signature
	Instructor / DM / Buddy

Dive No.	Dive Site:		Date:
Location:			

Temperature	Weight
Air:_____	_____ lb/kg
Surface:_____	**Visibility**
Bottom:_____	_____ ft/m

SI	:	PG
PG		

Depth
_____ ft/m
_____ 15ft/5m

Bottom Time
_____

_____ + _____ = _____
RNT   ABT   TBT

Exposure Protection		Conditions	
Wetsuit	Y/N	Fresh	Salt
Drysuit	Y/N	Shore	Boat
Hood	Y/N	Current	Drift
Gloves	Y/N	Waves	Surge
Boots	Y/N	Other:	

Time In:	Time out:
Start: bar	End: bar

Comments: _____
_____
_____
_____
_____
_____
_____
_____
_____
_____

Dive Center / Resort Stamp	Verification Signature
	_____
	Instructor / DM / Buddy

Dive No.	Dive Site:	Date:

Location:	

Temperature	Weight
Air:_____	_____ lb/kg
Surface:_____	**Visibility**
Bottom:_____	_____ ft/m

SI :	PG
PG	

Depth
_____ ft/m   _____ 15ft/5m

Bottom Time
_____

_____ + _____ = _____
RNT   ABT   TBT

Exposure Protection		Conditions	
Wetsuit	Y/N	Fresh	Salt
Drysuit	Y/N	Shore	Boat
Hood	Y/N	Current	Drift
Gloves	Y/N	Waves	Surge
Boots	Y/N	Other:	

Time In:	Time out:
Start: bar	End: bar

Comments: _____
_____
_____
_____
_____
_____
_____
_____
_____

Dive Center / Resort Stamp	Verification Signature
	_____
	Instructor / DM / Buddy

Dive No.	Dive Site:	Date:
Location:		

Temperature	Weight
Air:_____	_____ lb/kg
Surface:_____	**Visibility**
Bottom:_____	_____ ft/m

SI :	PG
PG	

Depth
_____ ft/m   _____ 15ft/5m

Bottom Time
_____

_____ + _____ = _____
RNT   ABT   TBT

Exposure Protection		Conditions	
Wetsuit	Y/N	Fresh	Salt
Drysuit	Y/N	Shore	Boat
Hood	Y/N	Current	Drift
Gloves	Y/N	Waves	Surge
Boots	Y/N	Other:	

Time In:	Time out:
Start: bar	End: bar

Comments: _____
_____
_____
_____
_____
_____
_____
_____
_____

Dive Center / Resort Stamp

Verification Signature

_____
Instructor / DM / Buddy

Dive No.	Dive Site:	Date:
Location:		

Temperature	Weight
Air: _____	_____ lb/kg
Surface: _____	**Visibility**
Bottom: _____	_____ ft/m

SI :	PG
PG	

Depth
_____ ft/m
_____ 15ft/5m

Bottom Time
_____
_____ + _____ = _____
RNT   ABT   TBT

Exposure Protection		Conditions	
Wetsuit	Y/N	Fresh	Salt
Drysuit	Y/N	Shore	Boat
Hood	Y/N	Current	Drift
Gloves	Y/N	Waves	Surge
Boots	Y/N	Other:	

Time In:	Time out:
Start: bar	End: bar

Comments: _____
_____
_____
_____
_____
_____
_____
_____
_____

Dive Center / Resort Stamp

Verification Signature

_____
Instructor / DM / Buddy

Dive No.	Dive Site:		Date:
Location:			

Temperature	Weight
Air:_____	_____ lb/kg
Surface:_____	**Visibility**
Bottom:_____	_____ ft/m

SI	:	PG
PG		

Depth _____ ft/m / 15ft/5m

Bottom Time

_____

_____ + _____ = _____

RNT   ABT   TBT

Exposure Protection		Conditions	
Wetsuit	Y/N	Fresh	Salt
Drysuit	Y/N	Shore	Boat
Hood	Y/N	Current	Drift
Gloves	Y/N	Waves	Surge
Boots	Y/N	Other:	

Time In:	Time out:
Start: bar	End: bar

Comments: _____

_____

_____

_____

_____

_____

_____

_____

Dive Center / Resort Stamp

Verification Signature

_____

Instructor / DM / Buddy

Dive No.	Dive Site:	Date:
Location:		

Temperature	Weight
Air: _____	_____ lb/kg
Surface: _____	**Visibility**
Bottom: _____	_____ ft/m

SI :	PG
PG	

Depth _____ ft/m _____ 15ft/5m

Bottom Time
_____
_____ + _____ = _____
RNT   ABT   TBT

Exposure Protection		Conditions	
Wetsuit	Y/N	Fresh	Salt
Drysuit	Y/N	Shore	Boat
Hood	Y/N	Current	Drift
Gloves	Y/N	Waves	Surge
Boots	Y/N	Other:	

Time In:	Time out:
Start: bar	End: bar

Comments: _____
_____
_____
_____
_____
_____
_____
_____
_____

Dive Center / Resort Stamp	Verification Signature
	_____
	Instructor / DM / Buddy

Dive No.	Dive Site:	Date:
Location:		

Temperature	Weight
Air:_____	_____ lb/kg
Surface:_____	**Visibility**
Bottom:_____	_____ ft/m

SI :	PG
PG	

Depth
_____ ft/m

_____ 15ft/5m

Bottom Time
_____

_____ + _____ = _____
RNT   ABT   TBT

Exposure Protection		Conditions	
Wetsuit	Y/N	Fresh	Salt
Drysuit	Y/N	Shore	Boat
Hood	Y/N	Current	Drift
Gloves	Y/N	Waves	Surge
Boots	Y/N	Other:	

Time In:	Time out:
Start: bar	End: bar

Comments: _____

_____
_____
_____
_____
_____
_____
_____
_____

Dive Center / Resort Stamp

Verification Signature

_____
Instructor / DM / Buddy

Dive No.	Dive Site:	Date:
Location:		

Temperature	**Weight**
Air:_____	_____ lb/kg
Surface:_____	**Visibility**
Bottom:_____	_____ ft/m

Exposure Protection		**Conditions**	
Wetsuit	Y/N	Fresh	Salt
Drysuit	Y/N	Shore	Boat
Hood	Y/N	Current	Drift
Gloves	Y/N	Waves	Surge
Boots	Y/N	Other:	

SI :	PG
PG	

Depth
_____ ft/m
_____ 15ft/5m

Bottom Time
_____
_____ + _____ = _____
RNT   ABT   TBT

Time In:	Time out:
Start: bar	End: bar

Comments: _____
_____
_____
_____
_____
_____
_____
_____
_____

Dive Center / Resort Stamp

Verification Signature

_____
Instructor / DM / Buddy

Dive No.	Dive Site:	Date:

Location:

Temperature	Weight
Air:_____	_____ lb/kg
Surface:_____	**Visibility**
Bottom:_____	_____ ft/m

SI :	PG
PG	

Depth
_____ ft/m
_____ 15ft/5m

Bottom Time
_____

_____ + _____ = _____
RNT   ABT   TBT

Exposure Protection		Conditions	
Wetsuit	Y/N	Fresh	Salt
Drysuit	Y/N	Shore	Boat
Hood	Y/N	Current	Drift
Gloves	Y/N	Waves	Surge
Boots	Y/N	Other:	

Time In:	Time out:
Start: bar	End: bar

Comments: _____
_____
_____
_____
_____
_____
_____
_____
_____

Dive Center / Resort Stamp

Verification Signature

_____
Instructor / DM / Buddy

Dive No.	Dive Site:	Date:

Location:

Temperature	Weight
Air: _____	_____ lb/kg
Surface: _____	**Visibility**
Bottom: _____	_____ ft/m

SI :	PG
PG	

Depth
_____ ft/m
_____ 15ft/5m

Bottom Time
_____

_____ + _____ = _____
RNT   ABT   TBT

Exposure Protection		Conditions	
Wetsuit	Y/N	Fresh	Salt
Drysuit	Y/N	Shore	Boat
Hood	Y/N	Current	Drift
Gloves	Y/N	Waves	Surge
Boots	Y/N	Other:	

Time In:	Time out:
Start: bar	End: bar

Comments: _____
_____
_____
_____
_____
_____
_____
_____
_____

Dive Center / Resort Stamp	Verification Signature
	_____
	Instructor / DM / Buddy

Dive No.	Dive Site:	Date:
Location:		

Temperature
Air:_____
Surface:_____
Bottom:_____

Weight
_____ lb/kg

Visibility
_____ ft/m

SI	:	PG
PG		

Depth
_____ ft/m
_____ 15ft/5m

Bottom Time
_____

_____ + _____ = _____
RNT   ABT   TBT

Exposure Protection / Conditions

Wetsuit	Y/N	Fresh	Salt
Drysuit	Y/N	Shore	Boat
Hood	Y/N	Current	Drift
Gloves	Y/N	Waves	Surge
Boots	Y/N	Other:	

Time In:	Time out:
Start: _____ bar	End: _____ bar

Comments: _____

_____
_____
_____
_____
_____
_____
_____
_____

Dive Center / Resort Stamp

Verification Signature

_____
Instructor / DM / Buddy

Dive No.	Dive Site:		Date:
Location:			

Temperature	Weight
Air:_____	_____ lb/kg
Surface:_____	**Visibility**
Bottom:_____	_____ ft/m

SI :	PG
PG	

Depth
_____ ft/m   _____ 15ft/5m

Bottom Time
_____

_____ + _____ = _____
RNT   ABT   TBT

Exposure Protection		Conditions	
Wetsuit	Y/N	Fresh	Salt
Drysuit	Y/N	Shore	Boat
Hood	Y/N	Current	Drift
Gloves	Y/N	Waves	Surge
Boots	Y/N	Other:	

Time In:	Time out:
Start: bar	End: bar

Comments: _____
_____
_____
_____
_____
_____
_____
_____

Dive Center / Resort Stamp

Verification Signature

_____
Instructor / DM / Buddy

Dive No.	Dive Site:		Date:
Location:			

Temperature	Weight
Air: _____	_____ lb/kg
Surface: _____	**Visibility**
Bottom: _____	_____ ft/m

SI :	PG
PG	

Depth
_____ ft/m
_____ 15ft/5m

Bottom Time
_____

_____ + _____ = _____
RNT **ABT** **TBT**

Exposure Protection		Conditions	
Wetsuit	Y/N	Fresh	Salt
Drysuit	Y/N	Shore	Boat
Hood	Y/N	Current	Drift
Gloves	Y/N	Waves	Surge
Boots	Y/N	Other:	

Time In:	Time out:
Start: _____ bar	End: _____ bar

Comments: _____
_____
_____
_____
_____
_____
_____
_____
_____
_____

Dive Center / Resort Stamp

Verification Signature

_____
Instructor / DM / Buddy

Dive No.	Dive Site:	Date:

Location:		

Temperature	Weight	
Air:_____	_____ lb/kg	
Surface:_____	**Visibility**	
Bottom:_____	_____ ft/m	

SI	:	PG
PG		

Depth _____ ft/m _____ 15ft/5m

Bottom Time _____

_____ + _____ = _____
RNT **ABT** **TBT**

Exposure Protection		Conditions	
Wetsuit	Y/N	Fresh	Salt
Drysuit	Y/N	Shore	Boat
Hood	Y/N	Current	Drift
Gloves	Y/N	Waves	Surge
Boots	Y/N	Other:	

Time In:	Time out:
Start: bar	**End:** bar

Comments: _____

_____

_____

_____

_____

_____

_____

_____

_____

Dive Center / Resort Stamp

Verification Signature

_____

Instructor / DM / Buddy

Dive No.	Dive Site:	Date:
Location:		

Temperature
Air: _____
Surface: _____
Bottom: _____

Weight
_____ lb/kg

Visibility
_____ ft/m

| SI | : | PG |
| PG | | |

Depth
_____ ft/m

15ft/5m

Bottom Time
_____

_____ + _____ = _____
RNT   ABT   TBT

Exposure Protection		Conditions	
Wetsuit	Y/N	Fresh	Salt
Drysuit	Y/N	Shore	Boat
Hood	Y/N	Current	Drift
Gloves	Y/N	Waves	Surge
Boots	Y/N	Other:	

Time In:	Time out:
Start: _____ bar	End: _____ bar

Comments: _____

_____
_____
_____
_____
_____
_____
_____
_____

Dive Center / Resort Stamp

Verification Signature

_____
Instructor / DM / Buddy

Dive No.	Dive Site:	Date:
Location:		

Temperature	**Weight**
Air:_____	_____ lb/kg
Surface:_____	**Visibility**
Bottom:_____	_____ ft/m

SI :	PG
PG	

Depth

_____ ft/m

_____ 15ft/5m

Bottom Time

_____

_____ + _____ = _____

RNT   ABT   TBT

Exposure Protection		**Conditions**	
Wetsuit	Y/N	Fresh	Salt
Drysuit	Y/N	Shore	Boat
Hood	Y/N	Current	Drift
Gloves	Y/N	Waves	Surge
Boots	Y/N	Other:	

Time In:	**Time out:**
Start: bar	**End:** bar

Comments: _____

_____

_____

_____

_____

_____

_____

_____

Dive Center / Resort Stamp

Verification Signature

_____

Instructor / DM / Buddy

Dive No.	Dive Site:		Date:
Location:			

Temperature	Weight		
Air:_____	_____ lb/kg		
Surface:_____	**Visibility**		
Bottom:_____	_____ ft/m		

Exposure Protection		Conditions	
Wetsuit	Y/N	Fresh	Salt
Drysuit	Y/N	Shore	Boat
Hood	Y/N	Current	Drift
Gloves	Y/N	Waves	Surge
Boots	Y/N	Other:	

SI :	PG
PG	

Depth
_____ ft/m

_____ 15ft/5m

Bottom Time
_____

_____ + _____ = _____
RNT   ABT   TBT

Time In:	Time out:
Start: bar	End: bar

Comments: _____

_____

_____

_____

_____

_____

_____

_____

_____

Dive Center / Resort Stamp

Verification Signature

Instructor / DM / Buddy

Dive No.	Dive Site:	Date:

Location:

Temperature	Weight
Air: _____	_____ lb/kg
Surface: _____	**Visibility**
Bottom: _____	_____ ft/m

SI :	PG
PG	

Depth _____ ft/m   _____ 15ft/5m

Bottom Time
_____

_____ + _____ = _____
RNT   **ABT**   **TBT**

Exposure Protection		Conditions	
Wetsuit	Y/N	Fresh	Salt
Drysuit	Y/N	Shore	Boat
Hood	Y/N	Current	Drift
Gloves	Y/N	Waves	Surge
Boots	Y/N	Other:	

Time In:	Time out:
Start: bar	End: bar

Comments: _____
_____
_____
_____
_____
_____
_____
_____

Dive Center / Resort Stamp

Verification Signature

_____
Instructor / DM / Buddy

Dive No.	Dive Site:	Date:

Location:

Temperature	Weight
Air:_____	_____ lb/kg
Surface:_____	**Visibility**
Bottom:_____	_____ ft/m

SI :	PG
PG	

Depth
_____ ft/m   _____ 15ft/5m

Bottom Time
_____

_____ + _____ = _____
RNT   ABT   TBT

Exposure Protection		Conditions	
Wetsuit	Y/N	Fresh	Salt
Drysuit	Y/N	Shore	Boat
Hood	Y/N	Current	Drift
Gloves	Y/N	Waves	Surge
Boots	Y/N	Other:	

Time In:	Time out:
Start: bar	End: bar

Comments: _____

_____
_____
_____
_____
_____
_____
_____
_____
_____

Dive Center / Resort Stamp

Verification Signature

_____
Instructor / DM / Buddy

Dive No.		Dive Site:		Date:

Location:

Temperature	Weight
Air:_____	_____ lb/kg
Surface:_____	**Visibility**
Bottom:_____	_____ ft/m

SI :	PG
PG	

Depth
_____ ft/m   15ft/5m

Bottom Time
_____

_____ + _____ = _____
RNT   **ABT**   **TBT**

Exposure Protection		Conditions	
Wetsuit	Y/N	Fresh	Salt
Drysuit	Y/N	Shore	Boat
Hood	Y/N	Current	Drift
Gloves	Y/N	Waves	Surge
Boots	Y/N	Other:	

Time In:	Time out:
Start: bar	End: bar

Comments: _____
_____
_____
_____
_____
_____
_____
_____
_____

Dive Center / Resort Stamp	Verification Signature
	_____
	Instructor / DM / Buddy

Dive No.	Dive Site:	Date:
Location:		

Temperature	Weight
Air:_____	_____ lb/kg
Surface:_____	**Visibility**
Bottom:_____	_____ ft/m

SI :	PG
PG	

Depth
_____ ft/m   _____
                                              15ft/5m

Bottom Time
_____
_____ + _____ = _____
RNT   ABT   TBT

Exposure Protection		Conditions	
Wetsuit	Y/N	Fresh	Salt
Drysuit	Y/N	Shore	Boat
Hood	Y/N	Current	Drift
Gloves	Y/N	Waves	Surge
Boots	Y/N	Other:	

Time In:	Time out:
Start: bar	End: bar

Comments: _____
_____
_____
_____
_____
_____
_____
_____
_____

Dive Center / Resort Stamp	Verification Signature
	_____
	Instructor / DM / Buddy

Dive No.	Dive Site:	Date:

Location:

Temperature	Weight
Air: _____	_____ lb/kg
Surface: _____	**Visibility**
Bottom: _____	_____ ft/m

SI :	PG
PG	

Depth
_____ ft/m   _____ 15ft/5m

Bottom Time
_____

_____ + _____ = _____
RNT   ABT   TBT

Exposure Protection		Conditions	
Wetsuit	Y/N	Fresh	Salt
Drysuit	Y/N	Shore	Boat
Hood	Y/N	Current	Drift
Gloves	Y/N	Waves	Surge
Boots	Y/N	Other:	

Time In:	Time out:
Start: bar	End: bar

Comments: _____
_____
_____
_____
_____
_____
_____
_____
_____

Dive Center / Resort Stamp

Verification Signature

_____
Instructor / DM / Buddy

Dive No.	Dive Site:	Date:
Location:		

Temperature	Weight
Air:_____	_____ lb/kg
Surface:_____	**Visibility**
Bottom:_____	_____ ft/m

SI :	PG
PG	

Depth

_____ ft/m   _____ 15ft/5m

Bottom Time

_____

_____ + _____ = _____

RNT   ABT   TBT

Exposure Protection		Conditions	
Wetsuit	Y/N	Fresh	Salt
Drysuit	Y/N	Shore	Boat
Hood	Y/N	Current	Drift
Gloves	Y/N	Waves	Surge
Boots	Y/N	Other:	

Time In:	Time out:
Start: bar	**End:** bar

Comments: _____
_____
_____
_____
_____
_____
_____
_____
_____

Dive Center / Resort Stamp

Verification Signature

_____

Instructor / DM / Buddy

Dive No.	Dive Site:	Date:

Location:

Temperature	Weight
Air: _____	_____ lb/kg
Surface: _____	**Visibility**
Bottom: _____	_____ ft/m

SI :	PG
PG	

Depth
_____ ft/m
15ft/5m

Bottom Time
_____
_____ + _____ = _____
RNT   ABT   TBT

Exposure Protection		Conditions	
Wetsuit	Y/N	Fresh	Salt
Drysuit	Y/N	Shore	Boat
Hood	Y/N	Current	Drift
Gloves	Y/N	Waves	Surge
Boots	Y/N	Other:	

Time In:	Time out:
Start: bar	End: bar

Comments:
_____
_____
_____
_____
_____
_____
_____
_____

Dive Center / Resort Stamp

Verification Signature

_____
Instructor / DM / Buddy

Dive No.	Dive Site:	Date:

Location:

Temperature	Weight	SI :	PG
Air: _____	_____ lb/kg	PG	
Surface: _____	**Visibility**		
Bottom: _____	_____ ft/m		

Depth _____ ft/m   _____ 15ft/5m

Bottom Time

_____ + _____ = _____
RNT   ABT   TBT

Exposure Protection		Conditions	
Wetsuit	Y/N	Fresh	Salt
Drysuit	Y/N	Shore	Boat
Hood	Y/N	Current	Drift
Gloves	Y/N	Waves	Surge
Boots	Y/N	Other:	

Time In:	Time out:
Start: bar	End: bar

Comments: _____

_____
_____
_____
_____
_____
_____
_____
_____
_____

Dive Center / Resort Stamp

Verification Signature

_____
Instructor / DM / Buddy

Dive No.	Dive Site:	Date:

Location:

Temperature	Weight
Air: _____	_____ lb/kg
Surface: _____	**Visibility**
Bottom: _____	_____ ft/m

SI	:	PG
PG		

Depth _____ ft/m

_____ 15ft/5m

Bottom Time

_____ + _____ = _____
RNT   ABT   TBT

Exposure Protection		Conditions	
Wetsuit	Y/N	Fresh	Salt
Drysuit	Y/N	Shore	Boat
Hood	Y/N	Current	Drift
Gloves	Y/N	Waves	Surge
Boots	Y/N	Other:	

Time In:	Time out:
Start: bar	End: bar

Comments: _____

_____

_____

_____

_____

_____

_____

_____

_____

Dive Center / Resort Stamp

Verification Signature

_____

Instructor / DM / Buddy

Dive No.	Dive Site:		Date:
Location:			

Temperature	Weight
Air: _____	_____ lb/kg
Surface: _____	Visibility
Bottom: _____	_____ ft/m

SI :		PG
PG		

Depth
_____ ft/m
_____ 15ft/5m

Bottom Time
_____
_____ + _____ = _____
RNT   ABT   TBT

Exposure Protection		Conditions	
Wetsuit	Y/N	Fresh	Salt
Drysuit	Y/N	Shore	Boat
Hood	Y/N	Current	Drift
Gloves	Y/N	Waves	Surge
Boots	Y/N	Other:	

Time In:	Time out:
Start: _____ bar	End: _____ bar

Comments: _____

_____

_____

_____

_____

_____

_____

_____

_____

Dive Center / Resort Stamp	Verification Signature
	_____
	Instructor / DM / Buddy

Dive No.	Dive Site:	Date:

Location:

Temperature	Weight
Air: _____	_____ lb/kg
Surface: _____	**Visibility**
Bottom: _____	_____ ft/m

SI	:	PG
PG		

Depth _____ ft/m _____ 15ft/5m

Bottom Time _____

_____ + _____ = _____
RNT   **ABT**   **TBT**

Exposure Protection		Conditions	
Wetsuit	Y/N	Fresh	Salt
Drysuit	Y/N	Shore	Boat
Hood	Y/N	Current	Drift
Gloves	Y/N	Waves	Surge
Boots	Y/N	Other:	

Time In:	Time out:
Start: _____ bar	End: _____ bar

Comments: _____

_____
_____
_____
_____
_____
_____
_____
_____

Dive Center / Resort Stamp

Verification Signature

_____
Instructor / DM / Buddy

Dive No.	Dive Site:		Date:
Location:			

Temperature
Air:_____
Surface:_____
Bottom:_____

Weight
_____ lb/kg

Visibility
_____ ft/m

SI : PG
PG

Depth
_____ft/m   _____ 15ft/5m

Bottom Time
_____

_____ + _____ = _____
RNT   ABT   TBT

Exposure Protection		Conditions	
Wetsuit	Y/N	Fresh	Salt
Drysuit	Y/N	Shore	Boat
Hood	Y/N	Current	Drift
Gloves	Y/N	Waves	Surge
Boots	Y/N	Other:	

Time In:	Time out:
Start: bar	End: bar

Comments:_____
_____
_____
_____
_____
_____
_____
_____
_____

Dive Center / Resort Stamp

Verification Signature

_____
Instructor / DM / Buddy

Dive No.	Dive Site:	Date:
Location:		

Temperature	Weight
Air:_____	_____ lb/kg
Surface:_____	**Visibility**
Bottom:_____	_____ ft/m

SI	:	PG
PG		

Depth
_____ ft/m
_____ 15ft/5m

Bottom Time
_____
_____ + _____ = _____
RNT　　　ABT　　　TBT

Exposure Protection		Conditions	
Wetsuit	Y/N	Fresh	Salt
Drysuit	Y/N	Shore	Boat
Hood	Y/N	Current	Drift
Gloves	Y/N	Waves	Surge
Boots	Y/N	Other:	

Time In:	Time out:
Start: bar	End: bar

Comments: _____
_____
_____
_____
_____
_____
_____
_____

Dive Center / Resort Stamp

Verification Signature

_____
Instructor / DM / Buddy

Dive No.	Dive Site:		Date:
Location:			

Temperature	Weight		SI :	PG
Air:_____	_____ lb/kg		PG	
Surface:_____	**Visibility**			
Bottom:_____	_____ ft/m		**Depth** _____ ft/m	_____ 15ft/5m

Bottom Time
_____

_____ + _____ = _____
RNT   ABT   TBT

Exposure Protection		Conditions	
Wetsuit	Y/N	Fresh	Salt
Drysuit	Y/N	Shore	Boat
Hood	Y/N	Current	Drift
Gloves	Y/N	Waves	Surge
Boots	Y/N	Other:	

Time In:	Time out:
Start: bar	End: bar

Comments: _____

_____
_____
_____
_____
_____
_____
_____
_____

Dive Center / Resort Stamp

Verification Signature

_____
Instructor / DM / Buddy

Dive No.		Dive Site:			Date:
Location:					

Temperature		Weight	
Air:_____		_____ lb/kg	
Surface:_____		**Visibility**	
Bottom:_____		_____ ft/m	

SI	:		PG
PG			

Depth
_____ ft/m
_____ 15ft/5m

Bottom Time
_____
_____ + _____ = _____
RNT   ABT   TBT

Exposure Protection		Conditions	
Wetsuit	Y/N	Fresh	Salt
Drysuit	Y/N	Shore	Boat
Hood	Y/N	Current	Drift
Gloves	Y/N	Waves	Surge
Boots	Y/N	Other:	

Time In:		Time out:	
Start:	bar	End:	bar

Comments: _____
_____
_____
_____
_____
_____
_____
_____
_____
_____

Dive Center / Resort Stamp

Verification Signature

_____
Instructor / DM / Buddy

Dive No.	Dive Site:		Date:
Location:			

Temperature	Weight
Air:_____	_____ lb/kg
Surface:_____	**Visibility**
Bottom:_____	_____ ft/m

SI :	PG
PG	

Depth
_____ ft/m   _____ 15ft/5m

Bottom Time
_____

_____ + _____ = _____
RNT   ABT   TBT

Exposure Protection		Conditions	
Wetsuit	Y/N	Fresh	Salt
Drysuit	Y/N	Shore	Boat
Hood	Y/N	Current	Drift
Gloves	Y/N	Waves	Surge
Boots	Y/N	Other:	

Time In:	Time out:
Start: bar	End: bar

Comments:_____
_____
_____
_____
_____
_____
_____
_____
_____

Dive Center / Resort Stamp

Verification Signature

_____
Instructor / DM / Buddy

Dive No.	Dive Site:	Date:

Location:

Temperature	Weight
Air: _____	_____ lb/kg
Surface: _____	**Visibility**
Bottom: _____	_____ ft/m

SI :	PG
PG	

Depth
_____ ft/m
_____ 15ft/5m

Bottom Time
_____
_____ + _____ = _____
RNT   ABT   TBT

Exposure Protection		Conditions	
Wetsuit	Y/N	Fresh	Salt
Drysuit	Y/N	Shore	Boat
Hood	Y/N	Current	Drift
Gloves	Y/N	Waves	Surge
Boots	Y/N	Other:	

Time In:	Time out:
Start: bar	End: bar

Comments: _____

_____

_____

_____

_____

_____

_____

_____

_____

Dive Center / Resort Stamp

Verification Signature

_____
Instructor / DM / Buddy

Dive No.	Dive Site:	Date:
Location:		

Temperature	Weight
Air:_____	_____ lb/kg
Surface:_____	**Visibility**
Bottom:_____	_____ ft/m

SI :	PG
PG	

Depth
_____ ft/m
_____ 15ft/5m

Bottom Time
_____
_____ + _____ = _____
RNT   ABT   TBT

Exposure Protection		Conditions	
Wetsuit	Y/N	Fresh	Salt
Drysuit	Y/N	Shore	Boat
Hood	Y/N	Current	Drift
Gloves	Y/N	Waves	Surge
Boots	Y/N	Other:	

Time In:	Time out:
Start: bar	End: bar

Comments: _____
_____
_____
_____
_____
_____
_____
_____
_____

Dive Center / Resort Stamp

Verification Signature

_____
Instructor / DM / Buddy

Dive No.	Dive Site:	Date:

Location:

Temperature	Weight
Air:_____	_____ lb/kg
Surface:_____	**Visibility**
Bottom:_____	_____ ft/m

SI :	PG
PG	

Depth
_____ ft/m
_____ 15ft/5m

Bottom Time
_____
_____ + _____ = _____
RNT   ABT   TBT

Exposure Protection		Conditions	
Wetsuit	Y/N	Fresh	Salt
Drysuit	Y/N	Shore	Boat
Hood	Y/N	Current	Drift
Gloves	Y/N	Waves	Surge
Boots	Y/N	Other:	

Time In:	Time out:
Start: bar	End: bar

Comments: _____
_____
_____
_____
_____
_____
_____
_____
_____

Dive Center / Resort Stamp

Verification Signature

_____
Instructor / DM / Buddy

Dive No.		Dive Site:		Date:	
Location:					

Temperature	Weight		SI :	PG
Air:_____	_____ lb/kg		PG	
Surface:_____	**Visibility**		Depth	_____
Bottom:_____	_____ ft/m		_____ ft/m	15ft/5m

Bottom Time
_____

_____ + _____ = _____
RNT   ABT   TBT

Exposure Protection		Conditions	
Wetsuit	Y/N	Fresh	Salt
Drysuit	Y/N	Shore	Boat
Hood	Y/N	Current	Drift
Gloves	Y/N	Waves	Surge
Boots	Y/N	Other:	

Time In:	Time out:
Start: bar	**End:** bar

Comments: _____

_____
_____
_____
_____
_____
_____
_____
_____

Dive Center / Resort Stamp

Verification Signature

_____
Instructor / DM / Buddy

Dive No.	Dive Site:		Date:
Location:			

Temperature	Weight	
Air:_____	_____ lb/kg	
Surface:_____	**Visibility**	
Bottom:_____	_____ ft/m	

Exposure Protection		Conditions	
Wetsuit	Y/N	Fresh	Salt
Drysuit	Y/N	Shore	Boat
Hood	Y/N	Current	Drift
Gloves	Y/N	Waves	Surge
Boots	Y/N	Other:	

SI	:	PG
PG		

Depth

_____ ft/m   _____ 15ft/5m

Bottom Time

_____ + _____ = _____
RNT   ABT   TBT

Time In:	Time out:
Start: bar	**End:** bar

Comments: _____
_____
_____
_____
_____
_____
_____
_____
_____

Dive Center / Resort Stamp

Verification Signature

_____

Instructor / DM / Buddy

Dive No.	Dive Site:	Date:
Location:		

Temperature	Weight
Air: _____	_____ lb/kg
Surface: _____	**Visibility**
Bottom: _____	_____ ft/m

SI :	PG
PG	

Depth
_____ ft/m
_____ 15ft/5m

Bottom Time
_____

_____ + _____ = _____
RNT   ABT   TBT

Exposure Protection		Conditions	
Wetsuit	Y/N	Fresh	Salt
Drysuit	Y/N	Shore	Boat
Hood	Y/N	Current	Drift
Gloves	Y/N	Waves	Surge
Boots	Y/N	Other:	

Time In:	Time out:
Start: _____ bar	End: _____ bar

Comments: _____

_____
_____
_____
_____
_____
_____
_____
_____
_____

Dive Center / Resort Stamp

Verification Signature

_____
Instructor / DM / Buddy

Dive No.	Dive Site:	Date:

Location:

Temperature	Weight
Air: _____	_____ lb/kg
Surface: _____	**Visibility**
Bottom: _____	_____ ft/m

SI :	PG
PG	

Depth _____ ft/m   _____ 15ft/5m

Bottom Time
_____

_____ + _____ = _____
RNT   ABT   TBT

Exposure Protection		Conditions	
Wetsuit	Y/N	Fresh	Salt
Drysuit	Y/N	Shore	Boat
Hood	Y/N	Current	Drift
Gloves	Y/N	Waves	Surge
Boots	Y/N	Other:	

Time In:	Time out:
Start: bar	End: bar

Comments: _____
_____
_____
_____
_____
_____
_____
_____
_____

Dive Center / Resort Stamp

Verification Signature

_____
Instructor / DM / Buddy

Dive No.	Dive Site:		Date:
Location:			

Temperature	Weight
Air:_____	_____ lb/kg
Surface:_____	**Visibility**
Bottom:_____	_____ ft/m

SI	:	PG
PG		

Depth _____ ft/m _____ 15ft/5m

Bottom Time
_____

_____ + _____ = _____
RNT   ABT   TBT

Exposure Protection		Conditions	
Wetsuit	Y/N	Fresh	Salt
Drysuit	Y/N	Shore	Boat
Hood	Y/N	Current	Drift
Gloves	Y/N	Waves	Surge
Boots	Y/N	Other:	

Time In:	Time out:
Start: bar	End: bar

Comments: _____

_____

_____

_____

_____

_____

_____

_____

_____

_____

Dive Center / Resort Stamp

Verification Signature

_____

Instructor / DM / Buddy

Dive No.	Dive Site:	Date:
Location:		

Temperature
Air:_____
Surface:_____
Bottom:_____

Weight
_____ lb/kg

Visibility
_____ ft/m

SI	:	PG
PG		

Depth
_____ ft/m
_____ 15ft/5m

Bottom Time
_____

_____ + _____ = _____
RNT   ABT   TBT

Exposure Protection

Wetsuit	Y/N	
Drysuit	Y/N	
Hood	Y/N	
Gloves	Y/N	
Boots	Y/N	

Conditions

Fresh	Salt
Shore	Boat
Current	Drift
Waves	Surge
Other:	

Time In:	Time out:
Start: bar	End: bar

Comments: _____
_____
_____
_____
_____
_____
_____
_____

Dive Center / Resort Stamp

Verification Signature

_____
Instructor / DM / Buddy

Dive No.	Dive Site:	Date:
Location:		

Temperature
Air: _____
Surface: _____
Bottom: _____

Weight
_____ lb/kg

Visibility
_____ ft/m

SI	:	PG
PG		

Depth
_____ ft/m

_____ 15ft/5m

Bottom Time
_____

_____ + _____ = _____
RNT   ABT   TBT

Exposure Protection		Conditions	
Wetsuit	Y/N	Fresh	Salt
Drysuit	Y/N	Shore	Boat
Hood	Y/N	Current	Drift
Gloves	Y/N	Waves	Surge
Boots	Y/N	Other:	

Time In:	Time out:
Start: bar	End: bar

Comments: _____

_____
_____
_____
_____
_____
_____
_____
_____

Dive Center / Resort Stamp

Verification Signature

_____
Instructor / DM / Buddy

www.ingramcontent.com/pod-product-compliance
Lightning Source LLC
Chambersburg PA
CBHW072157170526
45158CB00004BA/1688